甘薯营养成分与功效科普丛书

甘薯淀粉及蛋白知多少

木泰华　张　苗　编著

科学出版社
北　京

内 容 简 介

本书对甘薯的起源，甘薯的产量与加工，甘薯对人体健康的益处，甘薯中的淀粉、蛋白及其肽进行了系统详细的介绍，为我国甘薯资源的精深加工与综合利用提供理论基础与技术支持，对于促进甘薯加工与消费具有重要的推动作用。

本书可供高等学校和科研院所食品工艺学相关专业的本科生、研究生、企业研发人员，以及爱好、关注食品工艺学的读者参考。

图书在版编目（CIP）数据

甘薯淀粉及蛋白知多少 / 木泰华，张苗编著 . — 北京 : 科学出版社，2019. 1

（甘薯营养成分与功效科普丛书）

ISBN 978-7-03-059382-5

Ⅰ . ①甘…　Ⅱ . ①木… ②张…　Ⅲ . ①甘薯 – 薯类淀粉 – 介绍　Ⅳ . ① TS235.2

中国版本图书馆 CIP 数据核字（2018）第 252197 号

责任编辑：贾　超　宁　倩 / 责任校对：王萌萌
责任印制：肖　兴 / 封面设计：东方人华

科 学 出 版 社 出版
北京东黄城根北街 16 号
邮政编码：100717
http://www.sciencep.com

北京汇瑞嘉合文化发展有限公司 印刷

科学出版社发行　各地新华书店经销

*

2019 年 1 月第　一　版　开本：890 × 1240　1/32
2019 年 1 月第二次印刷　印张：2
字数：56 000

定价：39.80 元

（如有印装质量问题，我社负责调换）

作 者 简 介

木泰华　男，1964 年 3 月生，博士，博士研究生导师，研究员，中国农业科学院农产品加工研究所薯类加工创新团队首席科学家，国家甘薯产业技术体系产后加工研究室岗位科学家。担任中国淀粉工业协会甘薯淀粉专业委员会会长、欧盟“地平线 2020”项目评委、《淀粉与淀粉糖》编委、《粮油学报》编委、*Journal of Food Science and Nutrition Therapy* 编委、《农产品加工》编委等职。

1998 年毕业于日本东京农工大学联合农学研究科生物资源利用学科生物工学专业，获农学博士学位。1999 年至 2003 年先后在法国 Montpellier 第二大学食品科学与生物技术研究室及荷兰 Wageningen 大学食品化学研究室从事科研工作。2003 年 9 月回国，组建了薯类加工团队。主要研究领域：薯类加工适宜性评价与专用品种筛选；薯类淀粉及其衍生产品加工；薯类加工副产物综合利用；薯类功效成分提取及作用机制；薯类主食产品加工工艺及质量控制；薯类休闲食品加工工艺及质量控制；超高压技术在薯类加工中的应用。

近年来主持或参加国家重点研发计划项目 - 政府间国际科技创新合作重点专项、“863”计划、“十一五”“十二五”国家科技支撑计划、国家自然科学基金项目、公益性行业（农业）科研专项、现代农业产业技术体系建设专项、科技部科研院所技术开发研究专项、科技部农业科技成果转化资金项目、“948”计划等项目或课题 68 项。

相关成果获省部级一等奖 2 项、二等奖 3 项，社会力量奖一等奖 4 项、二等奖 2 项，中国专利优秀奖 2 项；发表学术论文 161 篇，其中 SCI 收录 98 篇；出版专著 13 部，参编英文著作 3 部；获授权国家发明专利 49 项；制定《食用甘薯淀粉》等国家 / 行业标准 2 项。

张苗 女，1984 年 6 月生，博士，助理研究员。2007 年毕业于福州大学生物科学与工程学院，获食品科学学士学位；2012 年毕业于中国农业科学院研究生院，获农学博士学位。2012 年毕业后在中国农业科学院农产品加工研究所工作至今。2017~2018 年在美国奥本大学访问学习。目前主要从事薯类加工及副产物综合利用方面的研究工作。主持国家自然科学基金青年科学基金项目、北京市自然科学基金面上项目；参与国际合作与交流项目、“十二五”科技支撑计划、农业部现代农业产业技术体系项目等，先后在 *Journal of Functional Foods*、*Innovative Food Science and Emerging Technologies*、*International Journal of Food Science and Technology* 和《农业工程学报》等期刊上发表多篇论文。

前　言

P R E F A C E

甘薯俗称红薯、白薯、地瓜、番薯、红芋、红苕等，是旋花科一年生或多年生草本植物，原产于拉丁美洲，明代万历年间传入我国，至今已有 400 多年栽培历史。甘薯栽培具有低投入、高产出、耐干旱和耐瘠薄等特点，是仅次于水稻、小麦、玉米和马铃薯的重要粮食作物。

甘薯富含多种人体所需的营养物质，如蛋白质、可溶性糖、脂肪、膳食纤维、果胶、钙、铁、磷、β-胡萝卜素等。此外，还含有维生素 C、维生素 B_1、维生素 B_2、维生素 E 及尼克酸和亚油酸等。在美国、日本和韩国等发达国家，甘薯主要用于鲜食和加工方便食品，比较强调甘薯的保健作用。20 世纪五六十年代，甘薯是我国居民的主要粮食作物。在解决粮食短缺，抵御自然灾害等方面发挥了重要作用。但是，随着人们生活水平的提高，甘薯作为单一的粮食作物已成为历史。进入 21 世纪，甘薯加工产品朝着多样化和专用型方向发展，已经成为重要的粮食、饲料及工业原料。

目前，甘薯在我国工业上主要用来生产淀粉及其制品。在淀粉生产过程中，往往会产生大量的废液，这些废液中含有大量蛋白质、糖类及矿物质等。如能将甘薯淀粉加工废液中的蛋白提取出来，不仅可减少废液对环境的污染，也是对资源的有效利用。研究表明，甘薯蛋白除具有良好的物化及功能特性，还具有抗氧化、抗肿瘤等多种保健特性，是优质植物蛋白的良好来源。

2003 年，笔者在荷兰与瓦赫宁根（Wageningen）大学食品化学研究室 Harry Gruppen 教授合作完成了一个薯类保健特性方面的研究项目。回国后，怀着对薯类研究的浓厚兴趣，笔者带领团队成员对甘薯淀粉、蛋白及肽开展了较深入的研究。十余年来，笔者团队承担了“现代甘薯农业产业技术体系建设专项”“国家科技支撑计划专题——甘薯加工适宜性评价与专用品种筛选”“甘薯蛋白深加工技术的研究与开发”“甘薯淀粉加工废液中蛋白回收技术中试与示范”“甘薯深加工关键技术研究与产业化示范”“农产品加工副产物高值化利用技术引进与利用”等项目或课题，攻克了一批关键技术，取得了一批科研成果，培养了一批技术人才。

编写本书的目的是向大家介绍甘薯的起源、产量与加工、对人体健康的益处等方面的知识，并将甘薯中的淀粉、蛋白及其肽研究方面的一些最新见知与大家分享。

由于作者水平有限，加之甘薯精深加工与综合利用领域发展迅猛，书中内容难免有不当或疏漏之处，恳请各位读者批评指正。

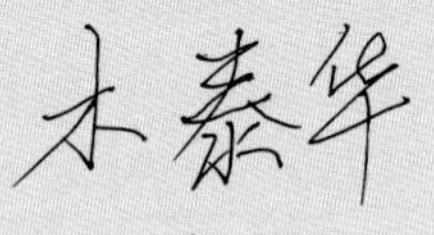

2019 年元月

目　录

CONTENTS

一、甘薯

1. 什么是甘薯？
2. 谈谈甘薯的起源
3. 说说我国甘薯的产量与加工
4. 什么地方可以种甘薯？
5. 甘薯是块根还是块茎？
6. 甘薯都有什么形状？
7. 为什么甘薯有不同的颜色？
8. 甘薯对人体健康的益处有哪些？

1. 什么是甘薯?

甘薯，又称番薯、白薯、红苕、红芋、红薯、地瓜等，是旋花科一年生或多年生草本植物。据联合国粮食及农业组织（Food and Agriculture Organization of the United Nations，FAO）统计，2014 年世界上有 100 多个国家种植甘薯，亚洲产量居世界第一位，占世界甘薯总产量的 74.72%；非洲产量次之，占世界甘薯总产量的 20.26%；美洲、大洋洲、欧洲种植较少，分别占世界甘薯总产量的 4.11%、0.86% 和 0.05%（图 1）。

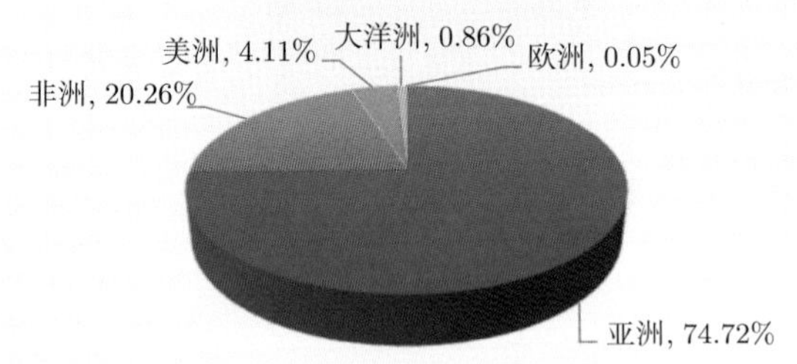

图 1　甘薯在各大洲的产量

2. 谈谈甘薯的起源

根据历史记载，目前一般认为甘薯起源于拉丁美洲，即墨西哥以及从哥伦比亚、厄瓜多尔到秘鲁一带。有学者认为哥伦布初次拜见西班牙女王时，曾将由新大陆带回的甘薯献给她。16 世纪初，甘薯已在西班牙得到广泛种植。

根据已有学者研究，关于甘薯从拉丁美洲传播到中国的途径有两条：

一是 16 世纪后期通过葡萄牙船只运输：加勒比海群岛→欧洲→非洲→印度→印度尼西亚→新几内亚→美拉尼西亚→菲律宾群岛→中国。

二是 16 世纪通过西班牙船只运输：墨西哥→密克罗西尼亚→菲律宾群岛→中国。

3. 说说我国甘薯的产量与加工

我国是甘薯第一生产国和消费大国。在我国，甘薯是第五大粮食作物，每年的产量约为 0.71 亿吨（图 2），仅次于水稻、小麦、玉米和马铃薯，约占世界甘薯总产量的 68%。目前，我国鲜薯中用于工业加工原料的占 55%、用于饲料的占 20%、直接食用占 12%、出口占 5%、用作薯种或因储藏不当而损失的占 6%，其他占 2%。其中，在工业加工领域，甘薯主要被用于生产甘薯淀粉及其制品（粉丝和粉条）。在淀粉生产过程中，会产生大量的浆液与薯渣，这些浆液与薯渣中含有大量淀粉、蛋白质、膳食纤维和果胶、糖类及矿物质等。此外，甘薯还被作为原料用来生产甘薯全粉、速冻薯泥薯块、甘薯干、紫薯羹、甘薯馒头、甘薯面条等主食或休闲食品（图 3）。

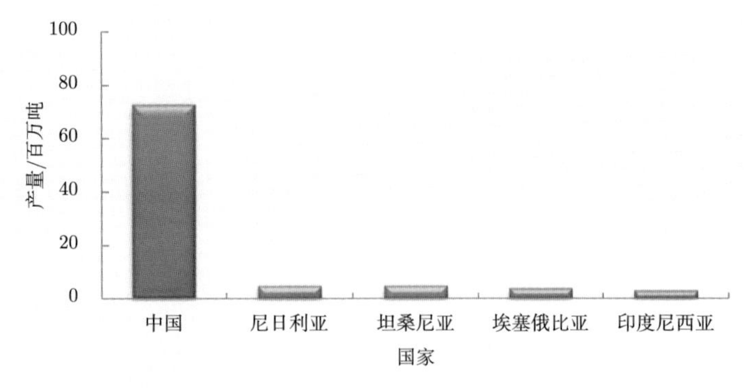

图 2　部分国家的甘薯产量

图 3　甘薯加工产品

4. 什么地方可以种甘薯?

目前，甘薯主要产区分布在北纬 40° 以南。亚洲种植面积较大的国家有中国、印度尼西亚、越南、日本、韩国等（图 4）。在我国，甘薯从南部的海南省到北部的黑龙江省均有种植，主要包括 5 个薯区：北方春薯区、黄淮流域春夏薯区、长江流域夏薯区、南方夏秋薯区、南方秋冬薯区。其中，北方春薯区包括辽宁、吉林、河北、陕西北部等地；黄淮流域春夏薯区，属季风暖温带气候，种植面积约占全国总面积的 40%；长江流域夏薯区，是指除青海和川西北高原以外的整个长江流域；南方夏秋薯区指位于北回归线以北，长江流域以南的部分地区；南方秋冬薯区指位于北回归线以南的沿海陆地和台

湾等岛屿。

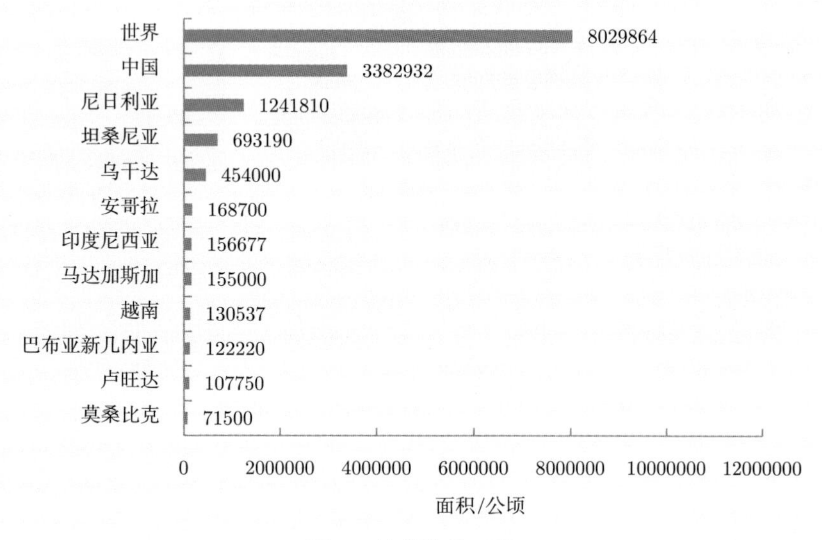

图 4　甘薯种植面积

5. 甘薯是块根还是块茎？

在日常生活中，我们常见的萝卜、胡萝卜、甜菜等是由植株的主根膨大而形成圆锥状，是变态根的一种，属于肉质直根。马铃薯是由其地下茎的顶端积累大量养料而膨大成块状，属于变态茎的一种，称为块茎。与它们不同的是，甘薯是由其侧根膨大而成，每株可形成多个，属于变态根的一种，称为块根。甘薯块根是甘薯贮藏养分的器官，也是主要供食用的部分。此外，根属于块根的植物还有木薯、豆薯、葛等。

6. 甘薯都有什么形状？

甘薯块根的形状通常有纺锤形、圆形、圆筒形、块状等，与其品种特性有关，也随土壤及栽培条件等发生变化。一般来说，长纺锤形甘薯深受消费者的喜爱（图 5）。在土层浅、干旱少雨等情况下，甘薯块根中部会过度膨大而发圆或呈不规则块状。

图 5　长纺锤形甘薯

7. 为什么甘薯有不同的颜色？

通常，甘薯皮的颜色包括白色、黄色、红色、淡红色、紫红色等；薯肉颜色包括白色、黄色、淡黄色、橘红色或紫色等（图 6）。一般来说，白色薯肉中淀粉含量较高，一般用于淀粉及其制品（粉条、粉丝、粉皮等）的生产。黄色、淡黄色或橘红色薯肉中富含β-胡萝卜素，一般用于生产甘薯干、甘薯片、甘薯丁、甘薯全粉、烤甘薯等产品，或直接烹饪后鲜食。紫色薯肉，富含花青素，主要用于生产紫薯浓缩汁、紫薯羹、紫薯酒、紫薯醋、紫薯饮料、紫薯馒头等产品。

图 6　不同颜色的甘薯

8. 甘薯对人体健康的益处有哪些？

甘薯块根营养丰富，除含有淀粉、可溶性糖外，还富含人体必需的蛋白质、脂肪、膳食纤维以及钙、磷、铁等矿物元素和多种维生素。此外，还含有多酚类物质、类黄酮、花青素等成分。甘薯中的功效成分对人体健康具有很多益处，如抗肥胖、降血脂、降血压、抗氧化、抗肿瘤等，是一种优质的营养膳食资源。

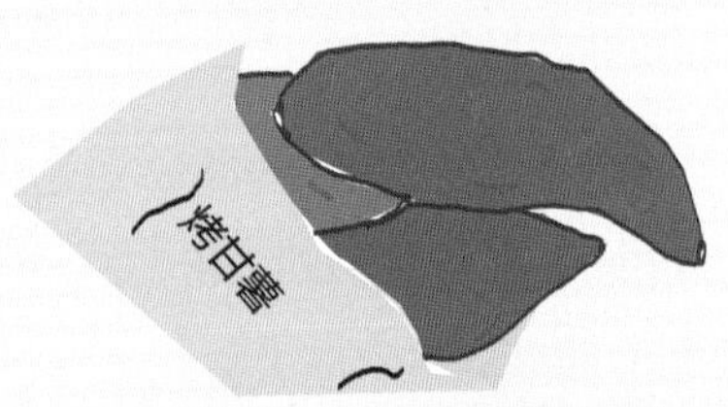

二、甘薯中的淀粉

1. 什么是甘薯淀粉？
2. 甘薯淀粉颗粒是圆的吗？
3. 甘薯淀粉的生产工艺有哪些？
4. 什么是甘薯直链淀粉？
5. 什么是甘薯支链淀粉？
6. 什么是甘薯抗性淀粉？
7. 说说甘薯淀粉中的磷
8. 甘薯淀粉怎么吃？
9. 甘薯粉条的生产工艺有哪些？
10. 什么甘薯淀粉适合制作粉条？
11. 如何辨别甘薯粉条的真假？

1. 什么是甘薯淀粉？

淀粉是由单一类型的糖单元聚合而成的高分子多糖。淀粉的基本构成单元为D-葡萄糖，D-葡萄糖脱去水分子后经由糖苷键连接在一起所形成的共价聚合物就是淀粉分子，其示意图如图7所示。

图7　淀粉分子示意图

甘薯淀粉指从甘薯块根或甘薯片中提取的淀粉。根据生产工艺不同，常分为酸浆法甘薯淀粉和旋流法甘薯淀粉。甘薯淀粉是甘薯的主要成分，占其干重的50%~80%。甘薯淀粉在食品、化工及医药行业中起着重要的作用。在工业上，原料经过初加工，可生产出天然淀粉和改性淀粉。经过对天然淀粉和改性淀粉的深加工，即可生产出多种淀粉产品，如葡萄糖、麦芽糖淀粉酶、柠檬酸、山梨糖醇、

维生素C等。在食品中，甘薯淀粉不仅可作为加工材料，还可作为食品添加剂，除可制作粉条、粉丝、凉粉、粉皮等产品外，还能添加在食品中作为增稠剂、稳定剂或组织增强剂，以改善食品的持水能力、

控制水分流动和保持食品贮藏质量。淀粉及其制品不仅可用于汤类、肉类、调味品、面包、饮料等食品中，还可用于纺织品、纸、燃料、胶黏剂、塑料、油漆等产品的生产加工。而淀粉的结构、组成和特性是决定其应用的重要指标。

2. 甘薯淀粉颗粒是圆的吗？

甘薯淀粉颗粒的形状呈圆形、多边形、椭圆形和铃铛状（图8）。粒径分布范围为3.4~27.5 μm，平均粒径为8.4~15.6 μm。有学者指出，在淀粉颗粒形成的过程中，质体的膜及物理特性可能赋予其特定的形状或形态。淀粉颗粒形态的多样性可以归因于叶绿体的生物化学作用以及植物的生理作用。而淀粉颗粒的粒径大小和粒径分布显著影响其功能特性，如膨胀度、溶解度和消化性等。

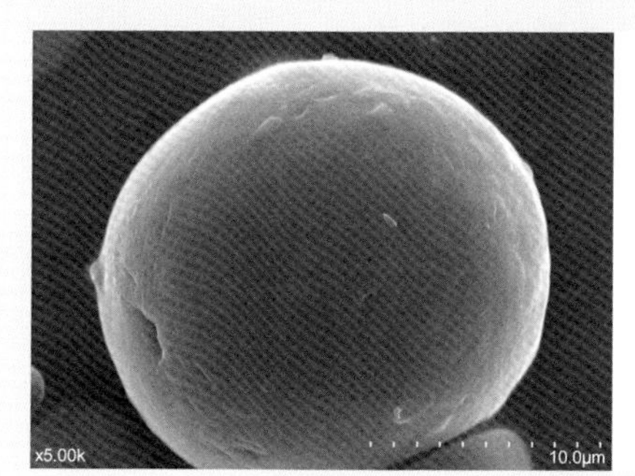

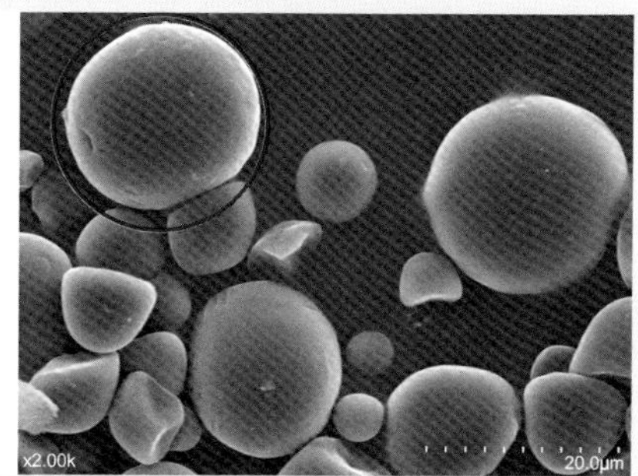

图8　甘薯淀粉颗粒的扫描电子显微镜照片

3. 甘薯淀粉的生产工艺有哪些?

甘薯淀粉的生产工艺主要有两种：传统酸浆法和旋流分离法。

传统酸浆法甘薯淀粉是向甘薯浆液中添加自然发酵的甘薯酸浆而使淀粉沉淀，并通过清洗、精制、脱水、干燥制成的甘薯淀粉。工艺如下：先将甘薯磨碎，过滤除渣后形成淀粉浆液。浆液经过一段时间自然发酵，慢慢变酸至 pH 4.0 左右，变成能沉淀淀粉的酸浆。酸浆是在酸浆法提取淀粉过程中的“下脚料”，又是酸浆法生产淀粉不可或缺的“添加剂”，从生产中来，之后又回到生产中去。酸浆中的化学成分主要有淀粉、水、蛋白质、纤维素、乳酸、多肽、氨基酸、可溶性低聚糖、单糖、灰分等。不同的酸浆，其成分也不一样。酸浆的作用主要是在提取淀粉时，利用酸浆中的乳酸乳球菌及乳酸等代谢产物，达到使其他杂质与淀粉相分离的目的，从而得到纯淀粉。酸浆品质的好坏和用量多少，直接关系到淀粉提取率及相关产品的质量。

旋流分离法甘薯淀粉是采用离心的物理方式直接将淀粉从破碎的甘薯浆液中分离出来，并通过清洗、精制、脱水、干燥制成的甘薯淀粉。旋流分离法是近年来迅速发展起来的一种依靠高速离心使淀粉快速分离的方法。旋流分离法生产甘薯淀粉时的磨浆、过滤等工艺与酸浆法相似，不同之处在于旋流分离法采用碟片式离心机分离浆液中的淀粉、蛋白质和纤维素；当然也可用数级旋流洗涤工艺分离，或者二者同时使用。合用工艺即先使甘薯淀粉粉浆经过碟片式分离机将蛋白质、纤维素等成分分离，得到粗淀粉乳，再通过数级旋流洗涤器进一步纯化淀粉，得到精制淀粉乳（图 9）。

图 9　甘薯淀粉生产配套装备（左：旋流器；右：真空转鼓吸滤机）

4. 什么是甘薯直链淀粉？

直链淀粉是 D- 葡萄糖基以 α-1,4- 糖苷键连接而成的多糖链（图 10）。直链淀粉的结构通常以直链淀粉的平均聚合度（DP）表示，其中数量平均聚合度（DP_n）和重量平均聚合度（DP_w）是 DP 最常用的表示方法。同时，把 DP 的范围称为表观聚合度分布。

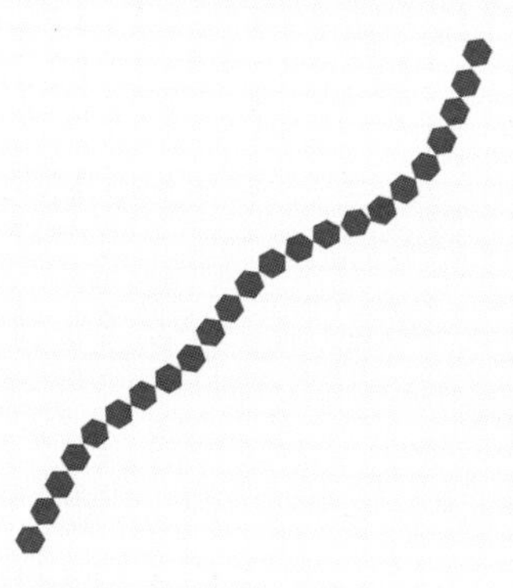

图 10　直链淀粉示意图

甘薯直链淀粉的 DP_n 在 3025~4400，DP_w 为 5400，DP 的分布范围为 840~19100。笔者团队研究了我国 11 个具有代表性的淀粉型甘薯品种，发现甘薯淀粉中直链淀粉含量在 13.33%~26.83%。甘薯淀粉中直链淀粉含量的差异主要来源于基因型、环境因素和淀粉加工方法的差异。其中，高直链淀粉的特点是具有很高的胶凝强度，这表明它们在面食、糖果和油炸食品涂层生产中具有重要作用。

5. 什么是甘薯支链淀粉?

支链淀粉是指 D-葡萄糖基之间除以 α-1,4-糖苷键相连外，还以 α-1,6- 糖苷键相连（图 11）。甘薯淀粉的支链淀粉主要由三种链组成：A 链、B 链和 C 链。C 链为主链，位于支链淀粉分子还原基末端，还原基末端经由 α-1,6-糖苷键与 B 链相连，B 链连有一个或多个 A 链。甘薯支链淀粉一般以 B 链（平均链长度 CL > 11 的长链）为主，A 链（CL ≤ 11 的短链）比 B 链短。其中链长度是指每个非还原末端基的链所具有的葡萄糖残基数。笔者团队研究了我国 11 个具有代表性的淀粉型甘薯品种，发现甘薯淀粉中支链淀粉含量在 76.36%~81.48%。

图 11　支链淀粉示意图

6. 什么是甘薯抗性淀粉?

在了解甘薯抗性淀粉之前，首先来谈谈淀粉的改性。根据淀粉改性方式的不同，一般可分为四类：物理改性、化学改性、酶改性和复合改性，如表 1 所示。

表 1 淀粉改性方式及产物分类

分类	产物类型
物理改性	预糊化淀粉、辐射处理淀粉、超高压淀粉、微细化淀粉等
化学改性	分子量升高：交联淀粉、酯化淀粉、醚化淀粉、羧甲基变性淀粉等 分子量降低：酸解淀粉、氧化淀粉等
酶改性	抗性淀粉、缓慢消化淀粉、多孔淀粉、环状糊精等
复合改性	氧化 - 交联淀粉、交联 - 醚化淀粉、醚化 - 预糊化淀粉等

在了解了什么是淀粉改性后，下面来说一说什么是抗性淀粉。抗性淀粉属于多糖类物质，又称抗酶解淀粉、难消化淀粉。抗性淀粉较其他淀粉难降解，在体内能够被缓慢吸收，从而可持续为人体提供能量。欧洲抗性淀粉协会将抗性淀粉定义为：不能被人体健康小肠吸收的淀粉及淀粉降解产物的总称。目前，国际上主要将抗性淀粉分为四类：物理包埋淀粉（RS_1）、抗性淀粉颗粒（RS_2）、回生淀粉（RS_3）、化学改性淀粉（RS_4），如表 2 所示。

表 2 抗性淀粉分类及特点

类型	特点
物理包埋淀粉	淀粉颗粒由于受细胞壁的限制或因蛋白质的包蔽作用，小肠淀粉酶不易接近，通常研磨、粉碎后即可转变为可消化淀粉
抗性淀粉颗粒	在结构上存在特殊的晶体构象，对淀粉酶具有高度抗性，属于天然的抗性淀粉，通常加热处理能够降低淀粉对酶的敏感性

续表

类型	特点
回生淀粉	即老化淀粉，是通过食品加工形成，因淀粉结构发生变化由可消化淀粉转化而来，是抗性淀粉的重要成分
化学改性淀粉	是由基因改造或化学试剂处理而引起分子结构变化衍生得来的

顾名思义，甘薯抗性淀粉是以甘薯淀粉为原料，采用不同改性方式加工而成。目前，笔者团队以甘薯淀粉为原料，采用超高压处理、热处理、酶处理等方式制备了甘薯抗性淀粉，并研究了不同处理方式对甘薯淀粉结构、物理化学性质以及体外消化性质的影响。在淀粉乳浓度为10%、压热-冻融循环1次处理后，甘薯淀粉中慢速消化淀粉与抗性淀粉含量达到最高，分别为29.83%和39.82%。

7. 说说甘薯淀粉中的磷

磷对淀粉的功能性质有显著影响。高磷含量可使淀粉具有较高黏度，并能改善淀粉的凝胶强度。高磷含量淀粉可用于凝胶强度高的食物中，如果冻。笔者团队研究了我国11个具有代表性的淀粉型甘薯品种，发现甘薯淀粉中磷含量在0.02%~0.19%，如表3所示；通过皮尔逊相关分析发现，直链淀粉、支链淀粉的支链长度、粒径和含磷量是影响淀粉糊化特性的主要因素。

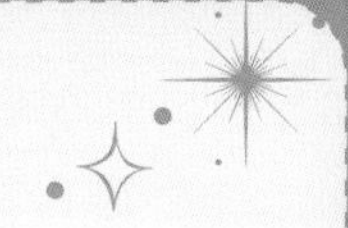

表3　11种淀粉型甘薯的营养成分含量　　　　（%）

品种	水分	蛋白质	灰分	脂肪	淀粉	直链淀粉	磷
‘密选1号’	5.93	0.75	0.15	0.00	94.27	20.50	0.02
‘川薯217’	3.86	0.33	0.10	0.00	92.20	26.83	0.02
‘西成薯007’	4.20	0.34	0.47	0.00	92.87	24.17	0.02
‘徐薯28’	5.19	0.31	0.12	0.00	94.07	22.00	0.02
‘漯薯10’	5.77	0.39	0.31	0.00	94.77	23.83	0.02
‘商薯19’	6.52	0.39	0.22	0.05	91.90	21.50	0.02
‘徐薯22’	6.12	0.32	0.17	0.02	93.17	22.17	0.19
‘徐薯27’	5.79	0.28	0.17	0.00	91.90	21.33	0.13
‘川薯34’	4.22	0.29	0.17	0.00	93.13	13.33	0.09
‘徐薯18’	6.25	0.30	0.19	0.00	95.60	23.50	0.14
‘食5’	5.53	0.30	0.31	0.00	95.32	25.83	0.16

注：所有数据均以干基计。

8. 甘薯淀粉怎么吃？

一般来说，甘薯淀粉主要加工成淀粉相关制品食用。甘薯淀粉相关制品主要有甘薯粉条、粉丝、凉粉、粉皮等（图12），可凉拌、炒、煮、炖、涮、煲等，历史悠久，爽滑可口，深受亚洲人民的喜爱。

图12　甘薯淀粉制品

9. 甘薯粉条的生产工艺有哪些？

甘薯粉条、粉丝的制作工艺主要有：传统手工、漏瓢式、涂布式和挤出式工艺。

传统手工工艺：淀粉→打芡→和面→漏粉→煮粉糊化→冷却→切断上挂→晾条→打捆包装→粉条产品。

漏瓢式工艺：淀粉→打芡→和面→抽气→漏粉→煮粉糊化→冷却冷凝→切断上挂→冷冻→解冻干燥→包装→粉条产品。

漏粉熟化　冷却冷凝　切断上挂

冷冻　解冻干燥　包装

涂布式工艺：淀粉→调浆→涂布→糊化脱布→预干→冷却→老化→切丝干燥→分切→包装→粉条产品。

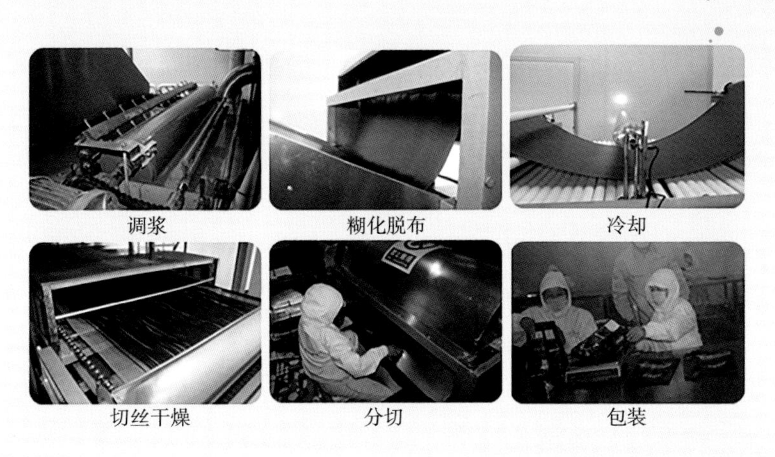

调浆　糊化脱布　冷却

切丝干燥　分切　包装

挤出式工艺：淀粉→打芡→和面→挤压成型→散热→切断→冷冻→搓粉散条→晾干→包装→粉条产品。

粉团　挤出粉条

10. 什么甘薯淀粉适合制作粉条？

已有学者研究发现，甘薯直链淀粉含量、凝胶强度与粉条质构指标中的剪切应力、剪切形变、拉伸强度、拉伸形变均呈显著正相关，与断条数高度呈显著负相关，淀粉的糊化温度越低、长期回生越明显，其粉丝的品质越好。也有学者指出，甘薯淀粉颗粒的粒径越小，粉条的质构性质越好。

笔者团队研究发现，旋流分离法甘薯淀粉膨胀势和溶解度与传统酸浆法甘薯淀粉相比明显偏低，而老化速率较高。由于旋流分离法甘薯淀粉本身的亮度低于传统酸浆法淀粉，所以旋流分离法甘薯粉条的色泽和煮后透明度显著低于传统酸浆法甘薯粉条。此外，与传统酸浆法甘薯粉条相比，旋流分离法甘薯粉条的膨胀系数显著偏低，而老化速率、拉伸形变及剪切应力显著偏高。这两种淀粉特性及粉条品质上的差异可能与两种淀粉中直链淀粉含量不同有关。

因此，具有一定直链淀粉含量（或者直 / 支比）、凝胶强度的甘薯淀粉适合制作甘薯粉条。

11. 如何辨别甘薯粉条的真假?

由于不同食用淀粉价格差异较大，一些不法商贩在甘薯淀粉中掺入其他价格较低的食用淀粉再制成粉条，以次充好，损害消费者合法权益，侵害合法企业利益，从而严重阻碍了薯类加工业的健康发展（图 13）。

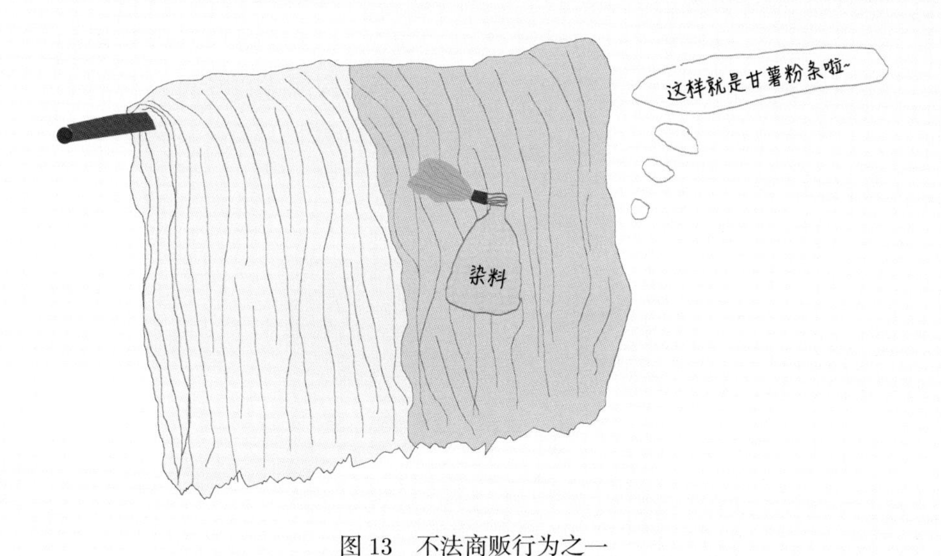

图 13　不法商贩行为之一

对于甘薯淀粉掺杂其他淀粉的鉴别，基于不同淀粉颗粒微观形态的不同，通过制样、装片、显微镜下观察，就可以进行简单判别。

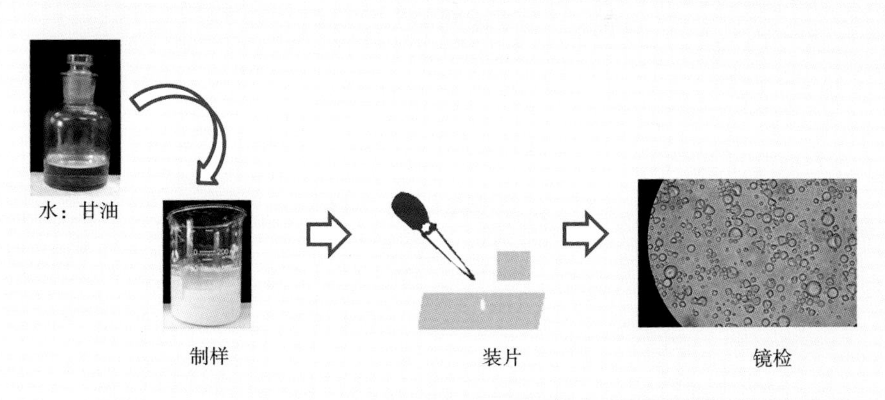

而对于甘薯粉条掺杂其他淀粉的鉴别，由于淀粉已部分或完全糊化，淀粉颗粒微观结构已被破坏，因此仅在显微镜下观察是无法准确判别的。那么，可否从蛋白的角度入手？笔者团队采用十二烷基硫酸钠聚丙烯酰胺凝胶电泳（sodium dodecyl sulfate polyacrylamide gel electrophoresis，SDS-PAGE）技术，在对甘薯淀粉与其他食用淀粉、粉条及粉丝中的蛋白构成进行比较，从而实现甘薯粉条或粉丝中掺杂其他食用淀粉的检测，以保证甘薯粉条、粉丝的品质。

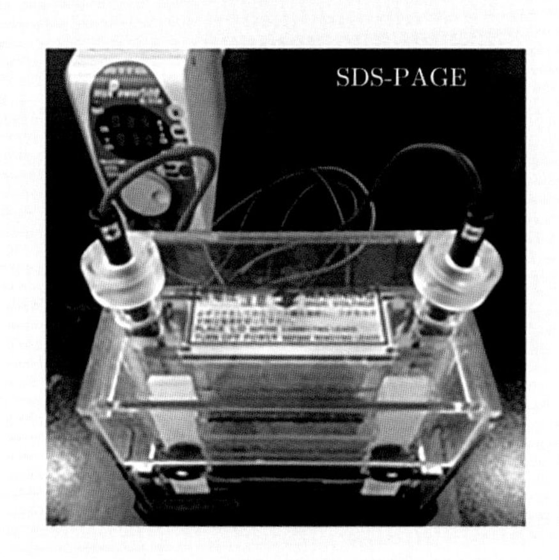

三、甘薯中的蛋白

1. 什么是甘薯蛋白？
2. 甘薯中含有多少蛋白？
3. 如何得到甘薯蛋白？
4. 甘薯蛋白有什么营养价值？
5. 甘薯蛋白如何吃更易消化吸收？
6. 甘薯蛋白可以预防肥胖吗？
7. 甘薯蛋白可以减肥降脂吗？
8. 甘薯蛋白可以抗癌吗？

1. 什么是甘薯蛋白？

甘薯蛋白是指从甘薯块根中提取的蛋白质。主要成分是Sporamin，属于变态根茎器官中的特异贮藏蛋白质，占甘薯块根中总蛋白的60%~80%。Sporamin是一种胰蛋白酶抑制剂，与大豆Kunitz型胰蛋白酶抑制剂有30%同一性和50%相似性。已有报道指出，胰蛋白酶抑制剂活性与甘薯块根中可溶性蛋白的浓度呈正相关。动力学研究表明，Sporamin的胰蛋白酶抑制剂活性表现为混合型抑制；等电点为4.0；在65℃下可保持热稳定性10min；最佳反应温度为35~45℃；最佳pH范围为7~11。Sporamin最初被命名为Ipomoein，后被命名为Sporamin。Ipomoein和Sporamin的特点见表4。

表4 Ipomoein和Sporamin的特点

名称	特点
Ipomoein	首次分离出来，属于盐溶蛋白
Sporamins	大多存在于块根中，而茎和叶中含量极少；在非还原的SDS-PAGE条件下，Sporamin A的分子质量约为31 kDa[a]，而Sporamin B的分子质量约为22 kDa；Sporamin A和Sporamin B在氨基酸的组成、多肽图谱和免疫特性上，都非常相似
	成熟后不含糖基，因而不是糖蛋白；大多以单体形式存在

a. 1kDa=1.66054×10^{-24} kg。

Sporamin属于球蛋白，分子呈三维立体结构，如图14所示。基于同源性建模原则的结构分析，预测Sporamin蛋白的二级和三级结构与刺桐胰蛋白酶抑制剂DE-3（ETI）相似。Sporamin是大豆Kunitz型胰蛋白酶抑制剂的成员之一。Kunitz型胰蛋白酶抑制剂是通过特定的蛋白酶催化位点与底物的相互作用起抑制作用的。虽然Kunitz 型胰蛋白酶抑制剂的成员在氨基酸序列上变异程度高，但它们都含有一个活性中心循环，该循环具有起抑制作用的残基。此外，4 个半胱氨酸残基（二硫键的形成）来自于 Sporamin 中的 Cys^{83}、Cys^{133}、Cys^{186} 和 Cys^{195}，与大豆 Kunitz 型胰蛋白酶抑制剂中的半胱氨酸残基密切相关。与其他 Kunitz 型类似，Sporamin 蛋白的活性部位位于其 12 个 β 折叠结构中的 A4—B1 环路之间。这 12 个 β 折叠结构实际上是一种 β 三叶草折叠，由三个伪对称相关的三叶单元组成，每个单元有四个 β 折叠，A4—B1 环路连接第一和第二个三叶单元。然而，在假定活性位点的同源位置上具有抑制作用残基的变化表明，Sporamin 与其他 Kunitz 型胰蛋白酶抑制剂在抑制胰蛋白酶动力学上是有分歧的。除了氨基酸大于 3 个的肽段，Sporamin 的二肽组成被预测为 $Ala^{69}Asp^{70}$-Glu^{72}，其不同于 Kunitz 型胰蛋白酶抑制剂中一般的活性位点 Arg^{64}-X^{65} 或 Lys^{64}-X^{65}。

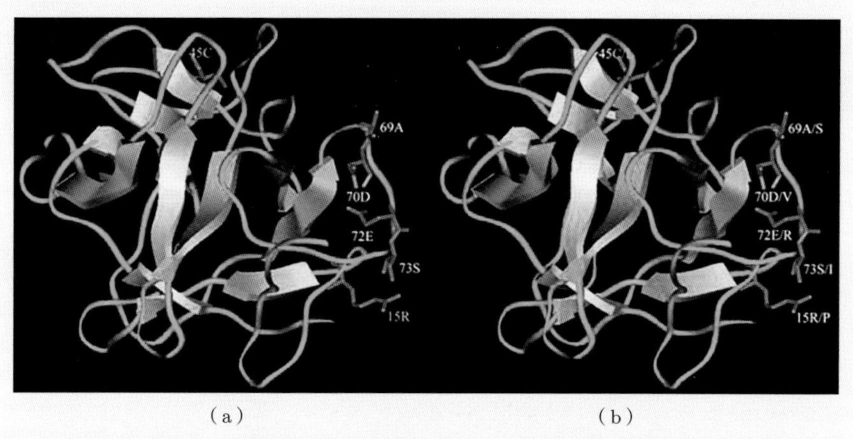

（a）　　　　　　　　　　（b）

图 14　甘薯中 Kunitz 型 Sporamin 的结构构造模型

（a）野生型蛋白的结构模型代表 Sporamin 的 12 β 折叠，用单字母标示；（b）氨基酸突变体的结构模型，将在不同程度上失去胰蛋白酶抑制活性，代表氨基修饰后 Sporamin 的 12 β 折叠，用斜线和标准单字母标示

在非还原的电泳条件下，Sporamin 以亚基形式呈现，分别为 Sporamin A 和 Sporamin B。其中，Sporamin A 的分子质量约为 31 kDa，而 Sporamin B 的分子质量约为 22 kDa；其在氨基酸的组成、多肽图谱和免疫特性上，都非常相似。Sporamin A 和 Sporamin B 的结构相似，但彼此不相同。Sporamin A 含有 219 个氨基酸残基，Sporamin B 则由 216 个氨基酸残基组成。

2. 甘薯中含有多少蛋白？

笔者团队在对 58 个品种甘薯的基本成分进行测定及分析后，发现甘薯干基中粗蛋白平均含量为 5.44 g/100g 干重（表 5），是一种优质植物蛋白资源。

表 5 甘薯的基本成分含量

成分	平均含量	成分	平均含量
水分（% 鲜重）	68.86	钾（mg/100g 干重）	152
粗淀粉（g /100g 干重）	61.78	钠（mg/100g 干重）	43.35
粗蛋白（g/100g 干重）	5.44	磷（mg/100g 干重）	42.5
粗脂肪（g/kg 干重）	0.88	钙（mg/100g 干重）	23.5
粗纤维（g/100g 干重）	2.83	镁（mg/100g 干重）	14.5
灰分（g/100g 干重）	2.62	铁（mg/100g 干重）	0.65
可溶性糖（g/100g 干重）	15.23	锌（mg/100g 干重）	0.18
胡萝卜素（mg/100g 干重）	1.06	硒（μg/100g 干重）	0.56

3. 如何得到甘薯蛋白？

目前，我国甘薯主要用于生产甘薯淀粉及其制品。在甘薯淀粉生产过程中，会产生大量的浆液，这些浆液中含有大量蛋白质、糖类及矿物质等。与其他大部分植物蛋白相比，甘薯蛋白的必需氨基酸含量较高，化学评分为 82，具有很高的营养价值。因此，如能从淀粉加工浆液中将甘薯蛋白提取出来，不仅可减少浆液直接排放对环境的污染，也是对资源的有效利用，其基本提取过程如图 15 所示。

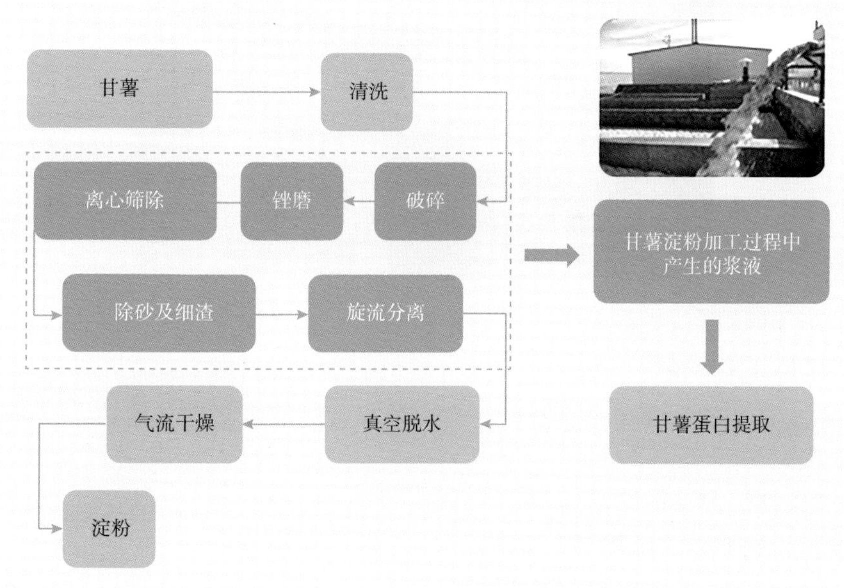

图 15　甘薯蛋白基本提取流程

甘薯蛋白的生产技术主要有两种：酸沉结合超滤生产天然甘薯蛋白新技术、热絮凝法生产变性甘薯蛋白新技术。通过上述技术可得到两种甘薯蛋白产品：天然甘薯蛋白和变性甘薯蛋白。

酸沉结合超滤生产天然甘薯蛋白新技术：通过研究酸沉条件、超滤浓缩倍率对甘薯蛋白提取率、纯度、分子质量、表面疏水性、空间构象等的影响，建立了酸沉结合超滤生产天然甘薯蛋白新技术，天然甘薯蛋白提取率达83%以上，纯度达85%以上。

热絮凝法生产变性甘薯蛋白新技术：通过研究热絮凝条件、沉淀率对甘薯蛋白提取率、纯度、微观结构等的影响，建立了热絮凝法生产变性甘薯蛋白新技术，变性甘薯蛋白提取率达86%以上，纯度达59%以上。

4. 甘薯蛋白有什么营养价值?

氨基酸评分，又称蛋白质化学评分，是一种被广泛应用的食物蛋白质营养价值评价方法。根据 WHO/FAO 提出的氨基酸评分理想模式，优质蛋白质的必需氨基酸占总氨基酸的比值在 40% 左右，而必需氨基酸与非必需氨基酸的比值在 60% 以上。

天然甘薯蛋白包含 18 种人体所需氨基酸，其中必需氨基酸占总

氨基酸的 40%，必需氨基酸与非必需氨基酸的比例为 67:100，符合 WHO/FAO 提出的氨基酸评分模式。天然甘薯蛋白第一限制性氨基酸为赖氨酸。三种不同来源蛋白质的氨基酸评分见表 6。

表 6　三种不同来源蛋白质的氨基酸评分

氨基酸	SPP	SPI	WPI	FAO/WHO/UNU 2~5 岁儿童参考模式（mg/g 蛋白）
Phe + Tyr	197	144	113	63
Ile	174	158	194	28
Leu	104	121	195	66
Lys	71	104	178	58
Met + Cys	144	83	195	25
Thr	180	112	141	34
Trp	152	161	134	11
Val	208	136	147	35
His	181	226	166	19

注：SPP 为天然甘薯蛋白；SPI 为大豆分离蛋白；WPI 为乳清分离蛋白；FAO 为联合国粮食及农业组织；WHO 为世界卫生组织；UNU 为联合国大学。

甘薯蛋白具有良好的营养价值，那么甘薯蛋白的消化性如何呢？笔者团队在体外模拟试验研究中发现，天然甘薯蛋白的体外消化率仅为 52.9%，低于大豆分离蛋白（92.7%）和牛乳清分离蛋白（97.0%）（图 16）。采用大鼠进行体内试验发现，天然甘薯蛋白中的 Sporamin A 及 Sporamin B 不能在大鼠胃部被消化，但可以在大鼠肠部被完全消化。此外，天然甘薯蛋白具有较高的胰蛋白酶抑制活性 [（67.84±2.60 ）mg 胰蛋白酶 /g 蛋白]，而不具有植物凝集素活性。Sporamin A 及 Sporamin B 具有多个消化酶作用位点，蛋白质结构及胰蛋白酶抑制剂活性可能是导致天然甘薯蛋白消化率低的原因。

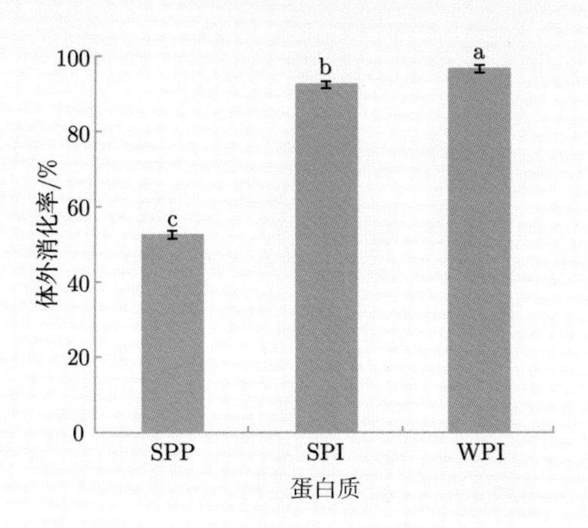

图 16　三种蛋白质的体外消化率测定

5. 甘薯蛋白如何吃更易消化吸收?

那么，如何改善甘薯蛋白的消化性呢？甘薯蛋白如何吃更易吸收？笔者团队研究发现，加热处理可以显著提高甘薯蛋白消化率，增加温度（40~127℃）及加热时间（10~60 min）都可显著提高甘薯蛋白的消化率。不同加热处理方式对甘薯蛋白消化性的影响有所不同（图 17），蛋白体外消化率从高到低排序依次为高压蒸汽（127℃，20 min，0.145 MPa）> 微 波（700 W，3 min）> 蒸 煮（100 ℃，20 min）> 干热（130℃，1 h）> 天然甘薯。高压蒸煮甘薯蛋白体外消化产物的分子质量主要集中在 1.0 kDa 以下。与此同时，采用大鼠进行体内试验发现，高压蒸煮甘薯蛋白可以在大鼠胃部完全消化。因此，食用甘薯时，使用高压锅烹饪是一个不错的选择。

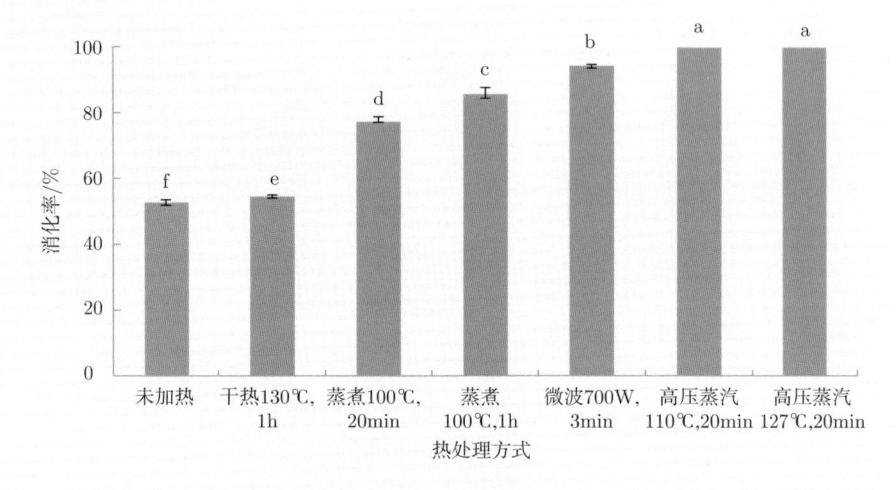

图 17　不同加热处理方式对甘薯蛋白消化率的影响

图中不同字母表示差异显著（$P < 0.05$）

6. 甘薯蛋白可以预防肥胖吗？

答案是肯定的，甘薯蛋白可以预防肥胖。笔者团队通过细胞试验发现，甘薯蛋白 Sporamin 可有效抑制 3T3-L1 前脂肪细胞的分化与增殖；通过动物试验发现，甘薯蛋白 Sporamin 能够明显降低体重来预防小鼠肥胖的发生，同时具有改善肝功能和降血脂的功效，如图 18 所示。

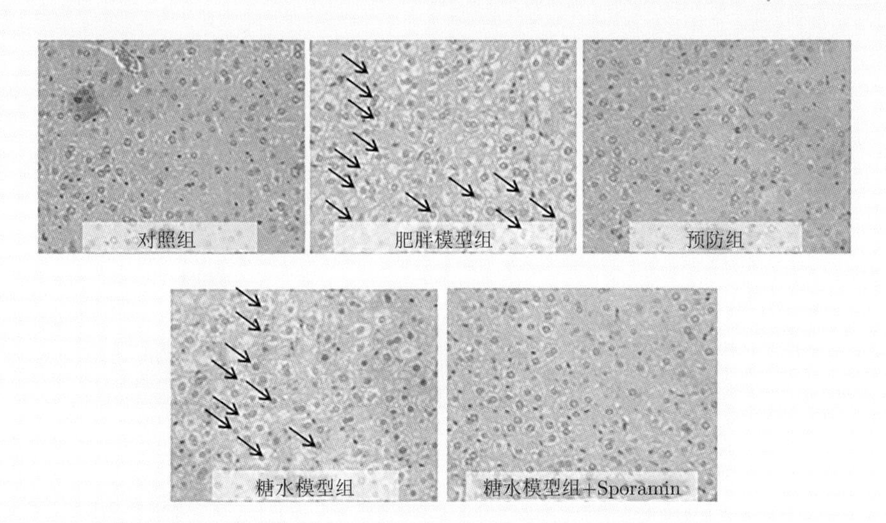

图 18　甘薯蛋白 Sporamin 对小鼠肝细胞形态特征的影响

黑色箭头：脂肪肝症状出现，部分肝细胞出现脂肪样变性，胞浆内脂肪空泡大小不一

7. 甘薯蛋白可以减肥降脂吗?

值得注意的是，甘薯蛋白除了可以预防肥胖，还具有减肥降脂的功能：甘薯蛋白 Sporamin 可以明显降低小鼠体重和脂肪系数，同时可以明显降低肥胖小鼠的总胆固醇、甘油三酯水平，具有很好的减肥降脂效果（图 19）。

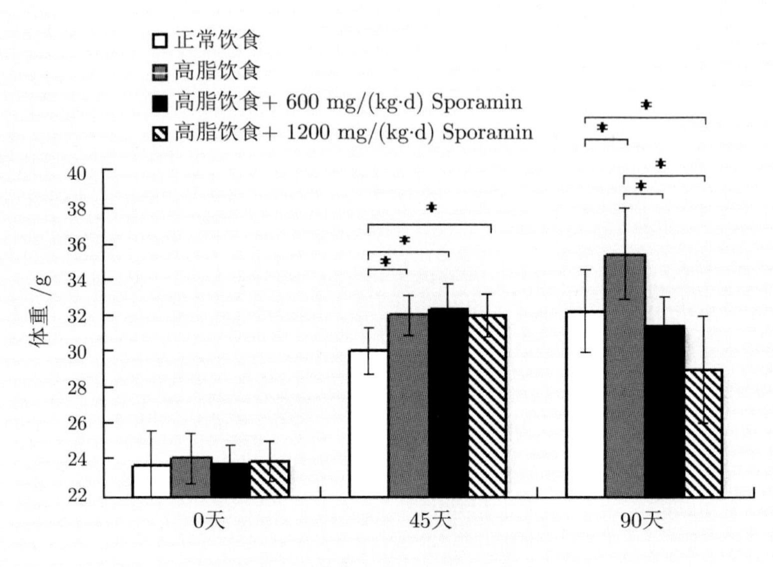

图 19　不同饮食对小鼠体重的影响

8. 甘薯蛋白可以抗癌吗?

针对甘薯蛋白是否具有抗癌作用，笔者团队进行了深入研究。通过体外研究发现，甘薯蛋白 Sporamin 能抑制结肠癌细胞 SW480 的增殖，且具有剂量依赖性；与此同时，甘薯蛋白 Sporamin 能抑制结肠癌细胞 SW480 的迁移能力，亦具有剂量依赖性。简单地说，就是甘薯蛋白作用后，结肠癌细胞 SW480 生长减慢，且不发生转移。进一步通过动物试验研究发现，甘薯蛋白 Sporamin 在 50 mg/kg 剂量下进行腹腔注射能降低裸鼠接种部位瘤重的 56.49%，降低血液中癌胚抗原含量的 38.85%，且能 100% 地抑制腹水的产生；灌胃给药 2 g/kg 剂量能降低瘤重的 41.98%，且能减少腹水的产生。与此同时，Sporamin 能减轻结肠癌 HCT-8 腹膜弥散性转移模型裸鼠的肿瘤负担，且对于腹膜弥散性转移模型，腹腔局部注射给药效果更佳；自发性 Lewis 肺癌肺转移模型试验结果表明，Sporamin 在 50 mg/kg 剂量下进行腹腔注射能降低接种部位瘤重的 25.61%，减少转移灶数量的 35.76%；3 g/kg 剂量进行灌胃给药能降低荷瘤鼠接种部位的瘤重，转移灶数量减少了 50.59%。

综上可见，甘薯蛋白具有一定的抗癌作用（图 20）。

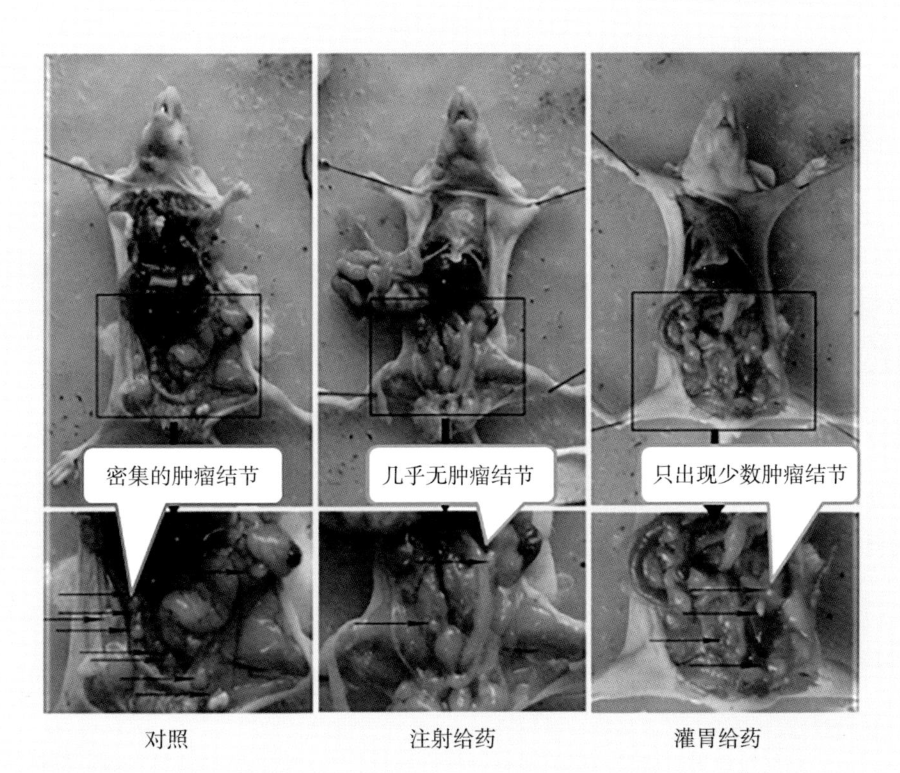

图 20　甘薯蛋白 Sporamin 的抗癌作用

四、甘薯肽的秘密

1. 什么是甘薯肽？
2. 怎么能得到甘薯肽？
3. 甘薯肽可以抗氧化吗？
4. 甘薯肽可以降血压吗？
5. 消化后的甘薯肽还有活性吗？
6. 甘薯肽有营养吗？
7. 说说甘薯肽的其他用途

1. 什么是甘薯肽？

在介绍什么是甘薯肽之前，让我们首先来了解一下什么是生物活性肽。生物活性肽一般是由 2~20 个氨基酸构成的短肽，在某些情况下可能由多于 20 个氨基酸组成。这些肽段在整个蛋白质序列中是没有活性的，在胃肠消化、食品加工或商业蛋白酶水解的过程中被释放，从而在体内消耗过程中发挥生理效应。一些已报道的活性包括：抗氧化、抗肿瘤、抗菌、免疫调节、抗高血压以及抗血栓活性等。

那么，什么是甘薯肽呢？简单来说，甘薯肽是以甘薯蛋白为原料，经不同蛋白酶酶解后得到的产物。而制备甘薯肽的目的是提高甘薯蛋白的生物活性，即制备具有良好生物活性的甘薯肽。

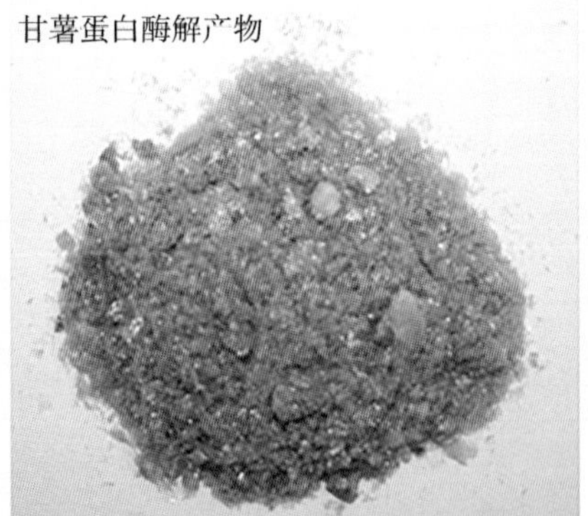
甘薯蛋白酶解产物

甘薯蛋白酶解产物<3kDa组分

2. 怎么能得到甘薯肽?

生物活性肽的制备方法主要包括：①消化道酶的酶解；②微生物发酵；③来源于微生物或动植物蛋白酶的酶解。其中，酶解是从整个蛋白质分子中释放生物活性肽的最常用的方法。同样，甘薯肽也可以通过上述途径制备得到，目前比较常用的方法是第三种。

3. 甘薯肽可以抗氧化吗?

在正常细胞的新陈代谢及其他活性过程中，通过抗氧化剂平衡氧化剂，可保持氧化还原动态平衡。然而，当活性氧水平超过抗氧化防御系统的承受能力时，细胞大分子（如脂肪酸、蛋白质及DNA）会被活性氧介导的氧化应激破坏，进而可能造成慢性疾病的发展。此外，自由基参与脂质的氧化，从而导致各种食品的酸败发展及货架期的减少。

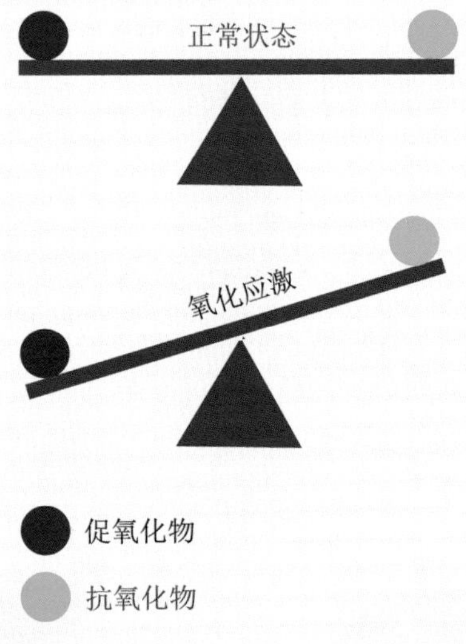

抗氧化剂（如谷胱甘肽、精氨酸、瓜氨酸、牛磺酸、肌酸、硒、锌、维生素 A、维生素 C、维生素 E 和茶多酚）及抗氧化酶（如超氧化物歧化酶、过氧化氢酶、谷胱甘肽还原酶和谷胱甘肽过氧化物酶）在清除自由基上发挥协同作用。合成抗氧化剂，如丁基羟基茴香醚（BHA）、二丁基羟基甲苯（BHT）和叔丁基对苯二酚（TBHQ）等，可用于延缓食品中自由基的形成。然而，由于合成抗氧化剂对健康可能存在潜在风险，人们对于天然抗氧化剂的需求不断增加，如某些具有抗氧化作用的动物植物蛋白及其活性肽。食物来源的抗氧化剂已被报道在预防人类许多疾病（如癌症、动脉粥样硬化、中风、类风湿关节炎、神经退行性疾病和糖尿病等）方面发挥了重要作用，因此受到了广泛的关注与研究。

为了得到甘薯抗氧化肽，笔者团队优化了碱性蛋白酶 Alcalase 酶解工艺条件并建立回归模型。碱性蛋白酶 Alcalase 水解甘薯蛋白制备抗氧化肽的最佳工艺组合为：底物浓度 5%，酶与底物浓度比 4%，pH 8.0，温度 57℃，时间 2 h，可得到·OH 自由基清除活性和 Fe^{2+} 螯合力分别为 40.01% 和 74.24% 的甘薯肽。采用超滤离心对甘薯抗氧化肽进行分级，发现 <3 kDa 组分通过清除已产生的·OH 自由基和螯合 Fe^{2+} 抑制·OH 自由基的产生来保护 DNA 免受氧化破坏（图 21）。

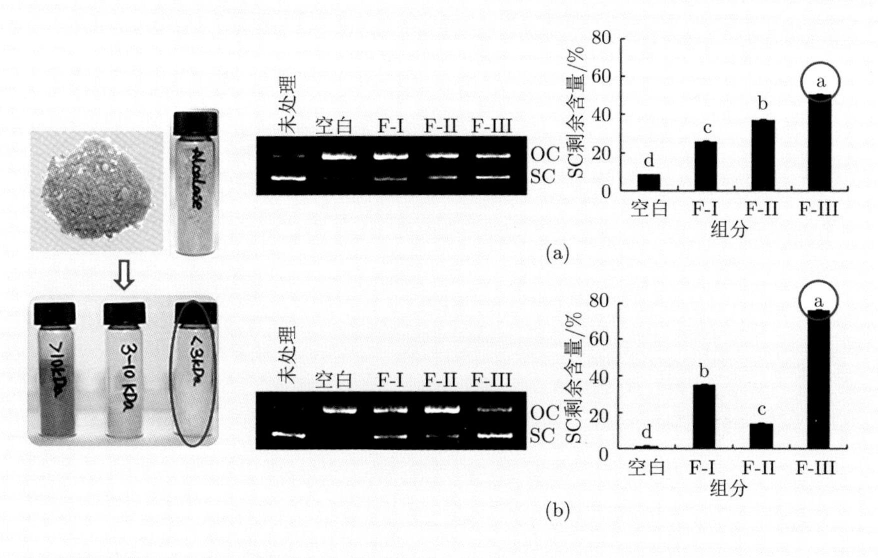

图 21 （a）不同分子质量超滤组分对 Fenton 反应产生的·OH 自由基诱导的 DNA 损伤的保护作用；（b）不同分子质量超滤组分通过螯合 Fe^{2+} 抑制·OH 自由基的产生，从而保护 DNA 免受损伤

F-I，>10 kDa 组分；F-II，3~10 kDa 组分；F-III，<3 kDa 组分

4. 甘薯肽可以降血压吗?

在谈降血压前，让我们先来了解一下血管紧张素转化酶（ACE）。ACE 在调节哺乳动物的血压以及水分和盐的平衡方面起着重要的作用。它是一种二肽基羧肽酶，可将无活性的十肽血管紧张素Ⅰ转换成强有力的血管收缩八肽血管紧张素Ⅱ。此外，ACE 可使血管舒缓激肽失活，使血压升高。目前，特定的 ACE 抑制剂可作为药品来治疗高血压、充血性心脏衰竭和心肌梗死。已有报道指出，一些合成的 ACE 抑制剂有强烈的副作用，最常见的为咳嗽，还可引起皮疹和血管神经性水肿；与之相反，食物蛋白来源的 ACE 抑制肽不会产生上述副作用。目前，已从很多食物蛋白中发现 ACE 抑制肽。

对于甘薯降压肽，笔者团队优化了胃蛋白酶 Pepsin 酶解工艺条件并建立回归模型。胃蛋白酶水解甘薯蛋白制备 ACE 抑制肽的最佳工艺组合为：底物浓度 2.3%，酶与底物浓度比 3.7%，pH 2.3，温度 37℃，时间 8 h，可得到 ACE 抑制率最大为 78.37% 的甘薯肽。采用动物试验研究发现，甘薯降压肽对原发性高血压大鼠具有短期和长期降压功效。

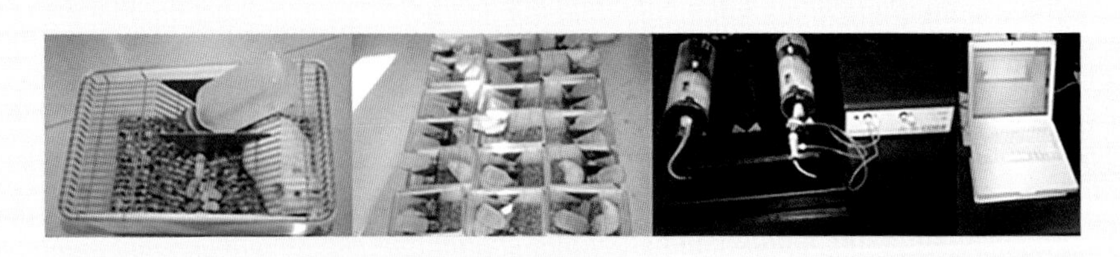

5. 消化后的甘薯肽还有活性吗？

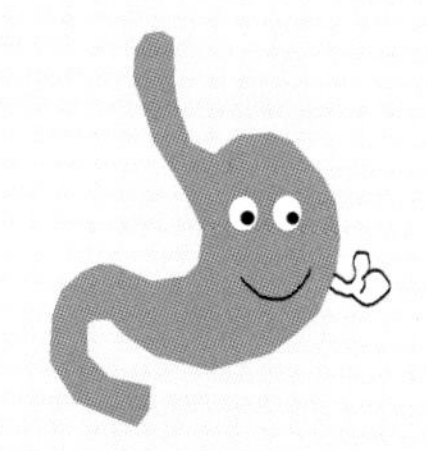

生物活性肽对胃肠道蛋白酶的抵抗是其在体内发挥作用和应用于开发功能性食品的先决条件。笔者团队研究了体外模拟消化对甘薯蛋白酶解产物抗氧化活性的影响，发现体外模拟胃肠道消化明显改变了甘薯蛋白酶解产物的分子质量分布，增加了小于3 kDa组分的浓度，高度保留了其抗氧化活性，表明甘薯蛋白酶解产物可能是抗氧化肽的良好来源，可潜在地应用于功能食品中。

值得注意的是，甘薯蛋白酶解产物的·OH 自由基清除活性和 Fe^{2+} 螯合力在模拟胃消化后降低，随后在肠道消化过程中增强（图 22）。可能的原因是，在模拟胃消化过程中，甘薯蛋白酶解产物中的抗氧化肽片段可能被破坏或者产生了没有活性的肽；而在随后的肠道消化过程中，可能产生了新的抗氧化活性肽。

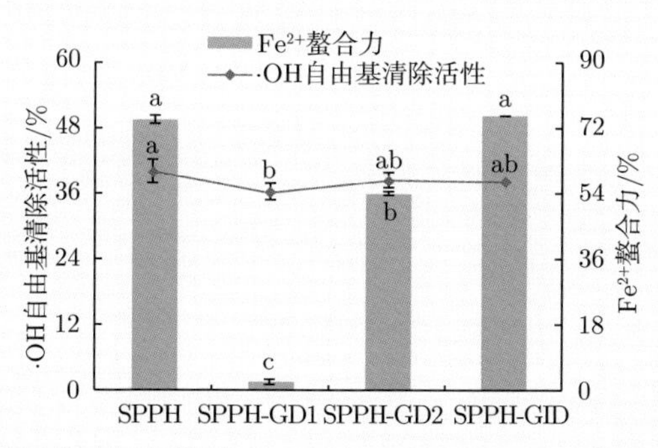

图 22 甘薯蛋白酶解产物的·OH 自由基清除活性和 Fe^{2+} 螯合力的对比

GD1：体外模拟胃消化 1 h；GD2：体外模拟胃消化 2 h；GID：体外模拟肠道消化

6. 甘薯肽有营养吗?

甘薯肽在具有生物活性的同时，还具有一定的营养价值。笔者团队采用氨基酸自动分析仪对甘薯蛋白酶解产物的氨基酸组成进行了测定。由表 7 分析得知，采用碱性蛋白酶 Alcalase 酶解甘薯蛋白 30 min 和 60 min 时，所得酶解产物中必需氨基酸含量、必需氨基酸与非必需氨基酸比例均超过了 FAO 的推荐标准（40% 和 60%），说明甘薯蛋白酶解产物可作为一种潜在的营养补充剂。

表 7　甘薯蛋白酶解产物的氨基酸组成

氨基酸	甘薯蛋白酶解产物（Alcalase, 酶解 30 min）	甘薯蛋白酶解产物（Alcalase, 酶解 60 min）
Asp	14.32	14.62
Thr	5.42	5.51
Ser	5.6	5.69
Glu	9.52	9.66
Gly	4.53	4.58
Ala	5.3	5.31
Cys	1.88	1.31
Val	7.23	7.20
Met	2.21	2.32
Ile	5.11	5.20
Leu	6.95	6.97
Tyr	5.84	5.74
Phe	7.37	7.32
Lys	5.61	5.70
His	2.43	2.24

续表

氨基酸	甘薯蛋白酶解产物（Alcalase，酶解 30 min）	甘薯蛋白酶解产物（Alcalase，酶解 60 min）
Trp	1.16	0.91
Arg	5.35	5.4
Pro	4.17	4.32
EAA/(EAA+NEAA)	41.48%	41.36%
EAA/NEAA	70.88%	70.53%

注：EAA/(EAA+NEAA) 表示必需氨基酸占总氨基酸比例；EAA/NEAA 表示必需氨基酸与非必需氨基酸比值。

7. 说说甘薯肽的其他用途

目前，已证实甘薯肽具有抗氧化活性和降血压作用，因此可将其补充到营养肽粉、营养蛋白粉等产品中食用，也可将其作为营养增补剂或抗氧化替代剂添加到馒头、面包、糕点、饼干等主食或休闲食品中。

那么，甘薯肽还有什么其他用途呢？没错，在不久的将来，甘薯肽应该还可以添加到护肤品中，以起到抗氧化、防衰老的作用。而甘薯肽更多的活性以及用途还有待进一步研究与开发。

中国农业科学院农产品加工研究所
薯类加工创新团队

研究方向

薯类加工与综合利用。

研究内容

薯类加工适宜性评价与专用品种筛选；薯类淀粉及其衍生产品加工；薯类加工副产物综合利用；薯类功效成分提取及作用机制；薯类主食产品加工工艺及质量控制；薯类休闲食品加工工艺及质量控制；超高压技术在薯类加工中的应用。

团队首席科学家

木泰华 研究员

团队概况

现有科研人员 8 名，其中研究员 2 名，副研究员 2 名，助理研究员 3 名，科研助理 1 名。2003~2018 年期间共培养博士后及研究生 79 人，其中博士后 4 名，博士研究生 25 名，硕士研究生 50 名。近年来主持或参加国家重点研发计划项目 - 政府间国际科技创新合作重点专项、“863”计划、“十一五”“十二五”国家科技支撑计划、国家自然科学基金项目、公益性行业（农业）科研专项、现代农业产业技术体系建设专项、科技部科研院所技术开发研究专项、科技部农业科技成果转化资金项目、“948”计划等项目或课题 68 项。

主要研究成果

甘薯蛋白

- 采用膜滤与酸沉相结合的技术回收甘薯淀粉加工废液中的蛋白。
- 纯度达 85%，提取率达 83%。
- 具有良好的物化功能特性，可作为乳化剂替代物。
- 具有良好的保健特性，如抗氧化、抗肿瘤、降血脂等。

- 获省部级及学会奖励3项，通过省部级科技成果鉴定及评价3项，获授权国家发明专利3项，出版专著3部，发表学术论文41篇，其中SCI收录20篇。

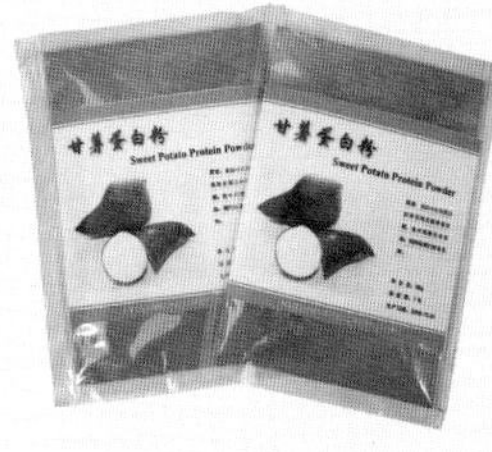

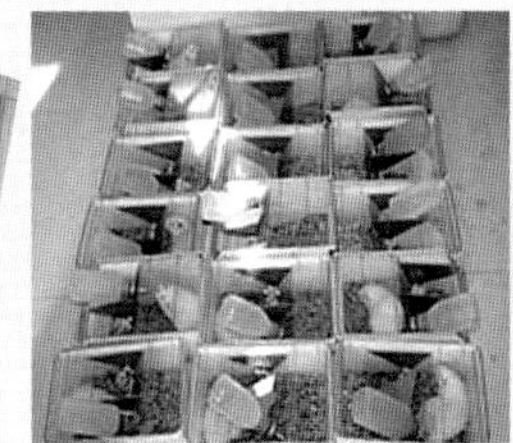

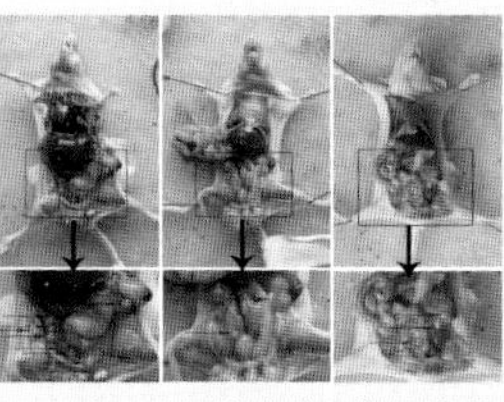

甘薯颗粒全粉

- 是一种新型的脱水制品,可保存新鲜甘薯中丰富的营养成分。
- “一步热处理结合气流干燥”技术制备甘薯颗粒全粉，简化了生产工艺，有效地提高了甘薯颗粒全粉细胞的完整度。
- 在生产过程中用水少，废液排放量少，应用范围广泛。
- 通过农业部科技成果鉴定1项，获授权国家发明专利2项，出版专著1部，发表学术论文10篇。

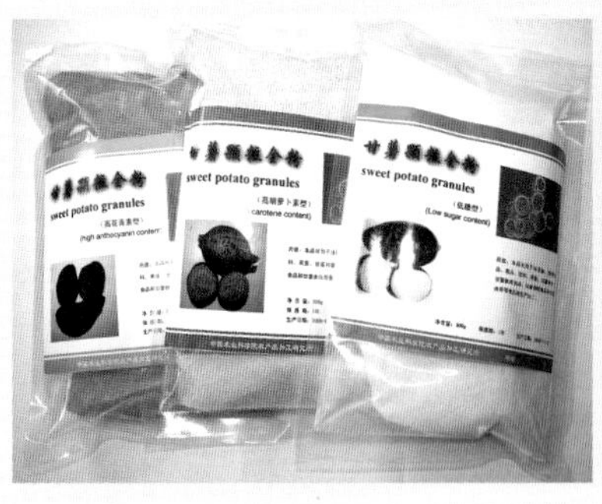

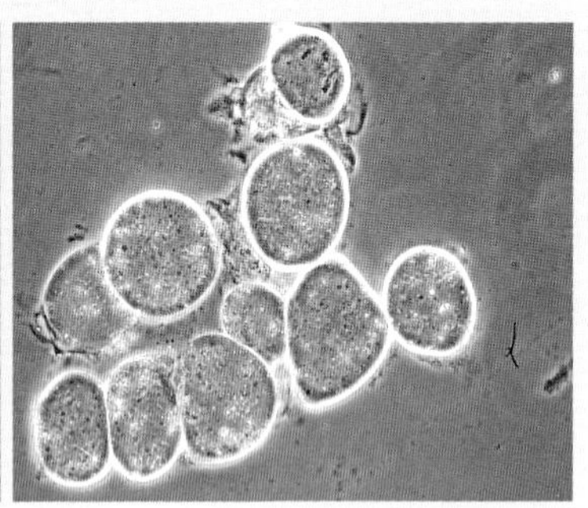

甘薯膳食纤维及果胶

- 甘薯膳食纤维筛分技术与果胶提取技术相结合，形成了一套完整的连续化生产工艺。

- 甘薯膳食纤维具有良好的物化功能特性；大型甘薯淀粉厂产生的废渣可以作为提取膳食纤维的优质原料。
- 甘薯果胶具有良好的乳化能力和乳化稳定性；改性甘薯果胶具有良好的抗肿瘤活性。
- 获省部级及学会奖励 3 项，通过农业部科技成果鉴定 1 项，获得授权国家发明专利 3 项，发表学术论文 25 篇，其中 SCI 收录 9 篇。

甘薯茎尖多酚

甘薯茎尖多酚

- 主要由酚酸（绿原酸及其衍生物）和类黄酮（芦丁、槲皮素等）组成。
- 具有抗氧化、抗动脉硬化，防治冠心病与中风等心脑血管疾病，抑菌、抗癌等许多生理功能。
- 获授权国家发明专利 1 项，发表学术论文 8 篇，其中 SCI 收录 4 篇。

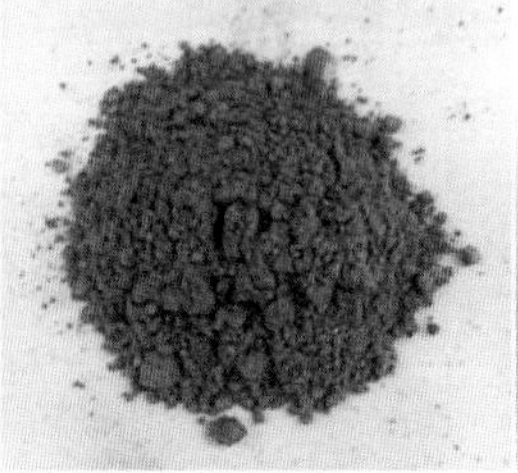

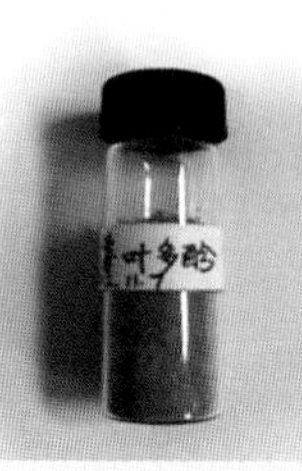

紫甘薯花青素

- 与葡萄、蓝莓、紫玉米等来源的花青素相比，具有较好的光热稳定性。
- 抗氧化活性是维生素 C 的 20 倍，维生素 E 的 50 倍。
- 具有保肝，抗高血糖、高血压，增强记忆力及抗动脉粥样硬化等生理功能。
- 获授权国家发明专利 1 项，发表学术论文 4 篇，其中 SCI 收录 2 篇。

马铃薯馒头

- 以优质马铃薯全粉和小麦粉为主要原料，采用新型降黏技术，优化搅拌、发酵工艺，经过由外及里再由里及外地醒发等独创工艺和一次发酵技术等多项专利蒸制而成。
- 突破了马铃薯馒头发酵难、成型难、口感硬等技术难题，成功将马铃薯粉占比提高到 40% 以上。
- 马铃薯馒头具有马铃薯特有的风味，同时保存了小麦原有的麦香风味，芳香浓郁，口感松软。马铃薯馒头富含蛋白质，必需氨基酸含量丰富，可与牛奶、鸡蛋蛋白质相媲美，更符合WHO/FAO的氨基酸推荐模式，易于消化吸收；维生素、膳食纤维和矿物质（钾、磷、钙等）含量丰富，营养均衡，抗氧化活性高于普通小麦馒头，男女老少皆宜，是一种营养保健的新型主食，市场前景广阔。

- 获授权国家发明专利5项，发表相关论文3篇。

马铃薯面包

- 马铃薯面包以优质马铃薯全粉和小麦粉为主要原料，采用新型降黏技术等多项专利、创新工艺及3D环绕立体加热焙烤而成。
- 突破了马铃薯面包成型和发酵难、体积小、质地硬等技术难题，成功将马铃薯粉占比提高到40%以上。
- 马铃薯面包风味独特，集马铃薯特有风味与纯正的麦香风味于一体，鲜美可口，软硬适中。
- 获授权国家发明专利1项，发表相关论文3篇。

马铃薯焙烤系列休闲食品

- 以马铃薯全粉及小麦粉为主要原料，通过配方优化与改良，采用先进的焙烤工艺精制而成。

- 添加马铃薯全粉后所得的马铃薯焙烤系列食品风味更浓郁、营养更丰富、食用更健康。
- 马铃薯焙烤类系列休闲食品包括：马铃薯磅蛋糕、马铃薯卡思提亚蛋糕、马铃薯冰冻曲奇以及马铃薯千层酥塔等。
- 获授权国家发明专利 4 项。

成果转化

1. 成果鉴定及评价

（1）甘薯蛋白生产技术及功能特性研究（农科果鉴字 [2006] 第 034 号），成果被鉴定为国际先进水平；

（2）甘薯淀粉加工废渣中膳食纤维果胶提取工艺及其功能特性的研究（农科果鉴字 [2010] 第 28 号），成果被鉴定为国际先进水平；

（3）甘薯颗粒全粉生产工艺和品质评价指标的研究与应用（农科果鉴字 [2011] 第 31 号），成果被鉴定为国际先进水平；

（4）变性甘薯蛋白生产工艺及其特性研究（农科果鉴字 [2013] 第 33 号），成果被鉴定为国际先进水平；

（5）甘薯淀粉生产及副产物高值化利用关键技术研究与应用 [中农（评价）字 [2014] 第 08 号]，成果被评价为国际先进水平。

2. 获授权专利

（1）甘薯蛋白及其生产技术，专利号：ZL200410068964.6；

（2）甘薯果胶及其制备方法，专利号：ZL200610065633.6；

（3）一种胰蛋白酶抑制剂的灭菌方法，专利号：ZL200710177342.0；

（4）一种从甘薯渣中提取果胶的新方法，专利号：ZL200810116671.9；

（5）甘薯提取物及其应用，专利号：ZL200910089215.4；

（6）一种制备甘薯全粉的方法，专利号：ZL200910077799.3；

（7）一种从薯类淀粉加工废液中提取蛋白的新方法，专利号：ZL201110190167.5 ；

（8）一种甘薯茎叶多酚及其制备方法，专利号：ZL201310325014.6 ；

（9）一种提取花青素的方法，专利号： ZL201310082784.2；

（10）一种提取膳食纤维的方法，专利号：ZL201310183303.7；

（11）一种制备乳清蛋白水解多肽的方法，专利号：ZL201110414551.9；

（12）一种甘薯颗粒全粉制品细胞完整度稳定性的辅助判别方法，专利号：ZL 201310234758.7；

（13）甘薯 Sporamin 蛋白在制备预防和治疗肿瘤药物及保健品中的应用，专利号：ZL201010131741.5；

（14）一种全薯类花卷及其制备方法，专利号：ZL201410679873.X；

（15）提高无面筋蛋白面团发酵性能的改良剂、制备方法及应用，专利号：ZL201410453329.3；

（16）一种全薯类煎饼及其制备方法，专利号：ZL201410680114.6；

（17）一种马铃薯花卷及其制备方法，专利号：ZL201410679874.4；

（18）一种马铃薯渣无面筋蛋白饺子皮及其加工方法，专利号：ZL201410679864.0；

（19）一种马铃薯馒头及其制备方法，专利号：ZL201410679527.1；

（20）一种马铃薯发糕及其制备方法，专利号：ZL201410679904.1；

（21）一种马铃薯蛋糕及其制备方法，专利号：ZL201410681369.3；

（22）一种提取果胶的方法，专利号：ZL201310247157.X；

（23）改善无面筋蛋白面团发酵性能及营养特性的方法，专利号：ZL201410356339.5；

（24）一种马铃薯渣无面筋蛋白油条及其制作方法，专利号：ZL201410680265.0；

（25）一种马铃薯煎饼及其制备方法，专利号：ZL201410680253.8；

（26）一种全薯类发糕及其制备方法，专利号：ZL201410682330.3；

（27）一种马铃薯饼干及其制备方法，专利号：ZL201410679850.9；

（28）一种全薯类蛋糕及其制备方法，专利号：ZL201410682327.1；

（29）一种由全薯类原料制成的面包及其制备方法，专利号：

ZL201410681340.5；

（30）一种全薯类无明矾油条及其制备方法，专利号：ZL201410680385.0；

（31）一种全薯类馒头及其制备方法，专利号：ZL201410680384.6；

（32）一种马铃薯膳食纤维面包及其制作方法，专利号：ZL201410679921.5；

（33）一种马铃薯渣无面筋蛋白窝窝头及其制作方法，专利号：ZL201410679902.2。

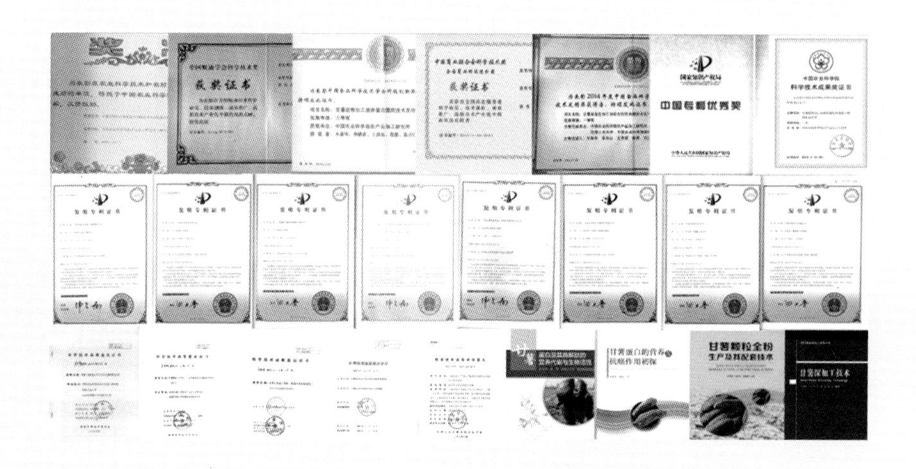

3. 可转化项目

（1）甘薯颗粒全粉生产技术；

（2）甘薯蛋白生产技术；

（3）甘薯膳食纤维生产技术；

（4）甘薯果胶生产技术；

（5）甘薯多酚生产技术；

（6）甘薯茎叶青汁粉生产技术；

（7）紫甘薯花青素生产技术；

（8）马铃薯发酵主食及复配粉生产技术；

（9）马铃薯非发酵主食及复配粉生产技术；

（10）马铃薯饼干系列食品生产技术；

（11）马铃薯蛋糕系列食品生产技术。

联系方式

联系电话：+86-10-62815541

电子邮箱：mutaihua@126.com

联系地址：北京市海淀区圆明园西路 2 号中国农业科学院
农产品加工研究所科研 1 号楼

邮　　编：100193